工作不累，累的是要應付瘋子

瘋子

110則
毛毛蟲職場生存
大絕招

毛毛蟲／著
鄭明輝

不累推薦

「唉呀～對嘛！對嘛！」你是不是心裡也是這麼認同的說著？
也許在我們生活或是工作中，曾經有過這些毛毛蟲所畫過的片段，
他總是貼切又幽默的用插畫說出我們的心聲。
如果還有什麼讓你在職場煩心的鳥事，不如今天給自己一個假日，
躺在沙發上好好細細品味這本一篇篇圖文。交給草莓頭毛毛蟲擊退
你的負能量，找到心出口，轉頭才發現又是可愛的一天！

—— **BaNAna Lin阿蕉**（插畫家）

「上有政策，下有對策」是我在職場體制內的生存之道，毛毛蟲的
圖文總會提供不少職場對策，讓你在面對政策時不那麼無所適從。
這位從無名小站時期就開始生存的毛毛蟲、每年總是出公益桌曆的
毛毛蟲、做插畫又做室內設計的毛毛蟲，根本就是變形蟲。110則
職場對策，有幽默、有底氣、有共鳴、有老靈魂、有毛小孩，多翻
幾頁對策，你會不小心發現，面對瘋子都覺得他們變可愛了！

—— **JOJO**（Podcast「啾團」主持人）

持續追蹤毛毛蟲在社群分享的圖文已經不知多少年了。事情很多或心情很煩的時候，找時間讓自己喘口氣、靜下心，看看毛毛蟲的圖文總能很快療癒原本疲憊煩悶的身心，轉念再出發，然後告訴自己：只要有好心情就能做好事情，一切都會順利解決的。

——**阿飛**（作家）

當毛毛蟲的粉絲已經很多年了，這個不務正業的室內設計師，不僅能用專業為大家打造環境，更擅長用畫筆療癒我們的心境。

我非常喜愛他總能用簡單的圖文，輕鬆卻深刻的把人生百態呈現出來，正如同本書中這110則生存語錄，我認為它傳達的不是悲觀或樂觀，而是一種面對職場的達觀。

——**馬克**（職場圖文作家）

大部分人的一生大概有一半的時間都在工作中度過，有些人很愛工作，而有人工作只是為了有尊嚴的活下去。我們和工作存在著一種矛盾關係，它讓人自由，也讓人不自由。作者的圖文道盡每個社畜、打工人的心聲，每句心中的臺詞既喪又有趣。即便我們對於現狀無能為力，但讀的時候卻能讓人心裡感到安慰。

——**郝慧川**（風格作家）

我從18歲可以合法打工後，就一直在職場跟課業來回奔波，然後沒有一件事可以好好做好做滿。因為我們總是遇到了太多太多的「為什麼」跟「怎麼會」。

為什麼我的人生會這麼多阻礙？

怎麼會有這麼多不確定的因素？

然後，我們就會在網路上尋求一些語錄，一些會心一笑卻能一針見血的語錄，讓我們知道，不是只有我一個人孤獨的奮鬥著。

「遇到奧客是一時，但遇到豬隊友是八小時。」

「睡覺時間都不想睡，但不是睡覺時間卻很好睡。」

「把我叫醒的不是鬧鐘，是一堆做不完的事。」

簡單的幾行字搭配圖文，就能夠詮釋當下的心情讓人心領神會，這就是毛毛蟲的文字魅力。

——**微疼**（人氣網路角色漫畫家）

職場生活大不易，不過如果我們在職場上吃過的苦能被人懂、被理解的話，那些苦，好像就變得比較不那麼苦了。

《工作不累，累的是要應付瘋子》就是一本讀完之後，會讓你深感被同理的圖文創作。翻閱前，記得準備喜歡的手搖飲和鹹酥雞，效果更佳。

——**蘇益賢**（臨床心理師）

目錄

當我們有能力做選擇時，其實就是一種自由……
工作與自我本來就不是天平的兩端，
每一次我們都在做一種取捨的練習。

偶爾發發牢騷沒關係吧，
發完之後再來好好面對，
畢竟沒有負能量，
哪裡能看出正能量很正呢？

自序　# 累了，就好好休息一下

嗨！我是毛毛蟲，自認為不是一個草莓族的七年級生，也是大家口中的斜槓青（中）年，本身是室內設計師，卻一邊做設計、一邊不務正業畫插畫。

我從小就不算是會讀書的小孩，但小時候很喜歡畫畫，課本上都沒什麼筆記，全是塗鴉。我的志願明明就是要當漫畫家，之後卻莫名念了建築系。從一開始有點後悔，到後來念出了興趣，甚至再繼續到建築研究所深造。

在研究所時期，我想把自己畫的東西放上網路，於是就在無名小站發表插畫短篇，開始了所謂部落客的時代，也意外累積到千萬的部落格流量。後來很幸運的，有出版社找我出圖文書，算是圓了我小時候成為漫畫家的夢想吧。

出社會後，經歷了媒體平臺的轉型，作品發表從無名小站轉移到FACEBOOK，一切又要從零開始了。也因為FB平臺的閱讀模式較不適合畫太長的篇幅，我想，那就來畫一些心情小語好了！畢竟出社會後，被排山倒海而來的壓力壓得讓人感到厭世，每天上班都在想何時放假；面對工作上的一堆瘋子和豬隊友，心中的煩悶就很想

發洩一下，於是開始了在固定時間發表蟲語錄圖文。

因為我沒有心理學的相關背景，沒辦法用專業知識來幫助大家，也不是中文造詣很好的文人（我自詡是「圖」人），所以這些圖文除了抒發自身的心情之外，部分是來自周遭朋友的遭遇，也有一些是讀者在網路上的分享讓我感同身受。我將這些好笑或厭世的心境畫出來，也許有些沒什麼道理或教育意義，但至少讓很多人產生了共鳴。

平常大家面對工作／上課／補習／照顧小孩等等一堆瑣事，已經被壓得喘不過氣，如果看到我發的這些圖文有所感觸而會心一笑，或許也能抒解心中壓抑的情緒。就像我們有時候明明很累不想講話，還一直被問怎麼了，其實就單純是不想講話而已，這時候就很適合用這種厭世的圖文來抒發心情。

時間過得好快，距離我上一本書出版已經過了七年。而這本書裡，除了收集這幾年我的FB粉絲團裡讓大家很有共鳴的部分圖文，也加了一些全新沒公開過的內容（我不是偷懶，只是因為覺得這些都太值得收藏分享了）。不管你認不認識毛毛蟲，希望大家可以將這

本書隨身放在包包裡或帶在身上，遇到討厭的人或煩人的客戶及老闆，就拿出來翻一翻（要拿來丟我也不會阻止），一定可以讓你消消氣，或是有不一樣的領悟。畢竟在社會上打轉，見人說鬼話的時間比見人說人話的時間還要多呢（笑）。人生可以不用太多心機，但還是需要多點防備心來保護自己；在現實中什麼都可能是假的，只有自己身上肥肉才是真的啊（捏一下肚子）。

最後，非常感謝買這本書的你們（乾爹乾媽），雖然我不是什麼蟲大師，寫出不算多有人生哲學的一本書，但裡面的每張圖和文字都是我利用半夜的時間努力畫和想出來的，像這種字數不多的書，對於時間寶貴的現代人來說真是太好了，我最喜歡這種字少圖多的圖文書，因為去上大號的時間翻完剛剛好（喂！！！）。

總之，謝謝你們努力看完這本書中最多字的部分（自序），不管現在正在努力上班，或是正躲在廁所當薪水小偷看這本書的你們，累了就好好休息偷懶一下沒關係，別忘了休息之後，還要繼續堅持下去就好。一起加油喔！

出場角色介紹：
每個角色都有他存在的意義。

毛毛蟲：
戴著草莓頭套卻自認不是草莓族的七年級生
也是多愁善感的毛毛蟲作者分身

噗噗：
毛毛蟲文創鎮店之寶
每天都很厭世的樣子

慢慢豬：
動作很慢
整天懶懶
只想耍廢

邪惡兔：
真壞人不可怕
可怕的是假好人

米米狗：
毛毛蟲養的寵物
忠心耿耿的孩紙

SHIT 熊：
整天擺一副臭臉
好像欠他錢一樣
事實上面惡心善

豆芽妹：
情感豐富
隨時都會感動到哭

暗黑毛毛蟲：
毛毛蟲的負能量黑化版
代表著人性黑暗的那面

橡皮糖：
本身很有彈性
能屈能伸的條狀物

Part 1

工作與自我
不是天平的兩端

我自認從小到大都不是很會讀書的小孩，但我小時候就很喜歡畫畫（也只會這個而已XD），後來也很慶幸努力朝著與畫畫相關的方向走，一路從工讀生到實習生，再經歷員工、老闆種種過程。

為了生活，我們都在為五斗米折腰，總覺得再忙再累也沒關係，最讓人累的其實是遇到各種妖魔鬼怪來亂，尤其我的工作也算有點服務性質，每天都要面對不同個性的客戶，我有時甚至覺得學會如何安撫客戶或主管的情緒，比專業多厲害還要重要。

記得以前當員工時，因為我們這一行壓力很大，每天都要加班到很晚，很常是最後一個關門回家的人，回到家就是洗澡和睡覺而已（我爸還說我把家裡當成飯店一樣）。日復一日，我們都忘記努力工作是為了成就生活，而不是放棄生活。

後來以為自己創業後會輕鬆一點，結果是根本不用回家了，索性在公司隔了一間小房間睡覺用。

回想這些年的工作過程，會覺得當我們有能力做選擇時，其實就是一種自由，不管是當員工或自己創業都一樣。工作與自我本來就不是天平的兩端，每一次我們都在做一種取捨的練習。

就像有時候我就是想要耍廢；就是想請個假，什麼事情都不想做；就想這樣懶懶的躺著就好。這或許也是讓自己試著慢下腳步的一種方式。

每個星期
都會有五天不想上班。

別吵我

還好還有兩天……（咦！？）

工作不累，累的是要應付瘋子

假日不管多廢，
想到明天是星期一
就覺得好累。

每個星期日都要輪迴一次的小宇宙……

工作忙一點都不要緊，
只要別遇到豬隊友都好。

遇到奧客只是一時，當下處理完就好，

但遇到豬隊友，

卻是每天8小時都可能碰到......

早起看時間不是為了起床，
而是要看還能睡多久。

再5分鐘…

早上用盡吃奶的力氣將手伸出棉被外，

拿起手機看到時間，

發現還有一小時可以睡，

感覺當下就是全世界最幸福的時刻……

以前總在思考
自己適合什麼工作，
後來才發現
我適合不工作。

其實不用工作才最舒服……

工作不累，累的是要應付瘋子

努力不一定會被看見，
但休息一定會被看見。

好像人生總是這樣，

當你努力個要命時，老闆都沒看到，

坐下來休息個幾秒就被發現……

原以為自己是「能者多勞」，
事實上卻是「忍著過勞」。

有時候不懂得拒絕的人，

會不小心把所有責任都扛在自己身上，

最後事情沒做好，反而累死自己啊！

尤其是在職場上更能感同身受吧～～

如果我們很擅長做某件事
就千萬不要免費做。
因為免費做自己擅長的事
就像在自己踐踏自己事業，
這樣所謂的專長就變得廉價。

一求
救
貿
助

廚師的專業就是讓我們吃到好吃的菜色；
醫生的專業就是幫我們解決身體的煩惱；
會計的專業就是幫我們梳理雜亂的帳務；
行政的專業就是幫我們整合公司的秩序；
設計師的專業就是用美學來讓生活品質更好。
我們尊重自己擅長的事情，
也尊重別人不同領域的專業！

小時候的跨年，一心只想往外跑；
出社會後的跨年，下班只想躺在家不動。

一起跨年

byebye 2022!

2023 new year

長愈大愈懶得往外跑，
尤其這麼冷的天氣就是要廢在家跨年才爽！

通常會做事的人，
很多都不太會做人；
但是會做人的
反而都不必做事。

腦闆是神，不是人

一個人要成功，能力很重要，知識很重要。
除了要會做事，做人更重要！
像我只會做事，做人就……

上班時想睡覺，
睡覺時又一直想著工作。

除了睡覺時間不想睡之外，

其他時間都很想睡的概念……

工作其實不累，
累的是還要應付一些瘋子。

覺得應付人比應付工作累多了。

有時候處理人的情緒才是最難的……

收工假10分鐘後……
就開始想何時放假了。

休假倒數 -123…

這是每個星期一早上的心情：
倒數五天放假ING！

工作不累，累的是要應付瘋子

認真工作其實不難，
難的是不想工作。

其實看第二句就好。

有時候，我們只是需要一個出口，
吐出所有不愉快而已。

工作不辛苦……
苦的是受委屈
無處宣洩的情緒。

滿肚委屈

好不容易過完一個星期的狀態⋯⋯

大家會不會突然有一種記憶體不足的感覺？

上班要認真上班，

放假，也要認真耍廢，

才對得起休假的初衷啊！！

耍廢，就是一種對休假的尊重。

小時候不明白
為何大人可以這麼早起，
長大後才了解
叫醒我們的
不是鬧鐘，
而是人生與責任。

每天叫醒我的不是鬧鐘，
是一堆做不完的事情⋯⋯

假日就該浪費在無所事事上，
耍廢的機會好好珍惜……
所以我要繼續去躺平了。

放假最重要的事
就是無所事事。

每天都在重複兩件事：

☑ 晚上不想太早睡。

☑ 早上後悔太晚睡。

每天早上起床都要上演著這齣戲，

尤其到了適合睡覺的冬天更嚴重……

Part 2

沒有負能量，
哪來的正能量？

一直覺得人生有時候很煩，我想我們每
個人的內心一定都住著天使與惡魔。

明明心情很糟，卻還必須強顏歡笑的說
沒事；就算心裡難過得要死，還是得打起精神
上班上課……因為這就是人生？

心中有滿滿的負能量也沒關係，因為我們都很需要給負能量一個宣
洩的出口。凡事有成功，就有失敗；有光明，就要嘗試擁抱黑暗的
那一面。如果一直逃避自己的負面情緒，久了累積得愈來愈多，反
而會生病。

就像我們常常在FB或IG抒發一些情緒，但大多數時候都會盡量修
飾成較好的狀態再發表，一來是不想讓大家知道你過得不好；二則
是不希望讓大家擔心，費盡心思營造出自己很好的假象，這樣真的
挺心累的。

偶爾發發牢騷沒關係吧，發完之後再來好好面對，畢竟沒有負能
量，哪裡能看出正能量很正呢？

或許你會發現，當我們難過或不愉快時，最好的安慰就是好好去吃
一頓大餐哈哈！（流口水）

忍一時風平浪靜，
退一步愈想愈氣。

來啊

有時候我們不是傻，

只是想給對方一個臺階下而已。

有些人之所以存在，
就是為了提醒我們
不要成為像他那樣的人。

有些人事物，雖然我們不喜歡，

也不用想改變或毀掉他，

因為我相信他有他存在的意義……

（負面的參考價值？）

有時會讓人累的不是身體，
而是那些複雜的情緒。

\bye/

看起來，

心情比較需要去旅行一趟了……

人生就是這樣，
該難過的時候
就好好難過；
反正叫你不要難過
你也很難辦到。

其實難過時，道理大家都懂，

但很多時候，就只是想要難過而已⋯⋯

有時候，適時發洩一下情緒就會好很多。

很多人對自己的人生沒興趣，
卻對別人的人生很多意見。

別對別人的人生下指導棋，
因為我們其實都只是路人甲。
只有自己才知道自己要什麼！

在社會上打滾最重要是
要先學會自己不要臉，
不然就是要學會
如何忍受別人的不要臉。

出來社會混，

臉皮厚的好像比較吃香一點⋯⋯

有時我覺得
跟某些人說話
好像必須每秒鐘
原諒他幾百次之後
才有辦法繼續說下去。

你有沒有在聽！

身邊總是會遇到一些
讓你想翻白眼到後腦勺的人⋯⋯

每年愚人節都在擔心如何不要被騙，

但仔細想想好像多慮了⋯⋯

因為根本沒朋友。

人生其實就是不斷在真實與謊言中循環，

不過你該慶幸的是

至少還有人想騙你（喂）⋯⋯

人生不是所有鳥事，
都可以用開心一點 來解決的。

天天正能量，也很累……
有時候還是需要一點厭世才爽……

雖然說人生是掌握在自己手上，
但最慘的是手上什麼都沒有…

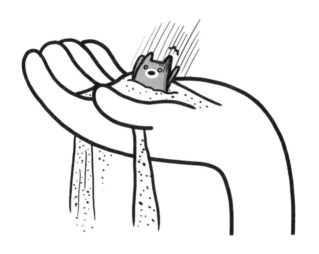

雖然你現在手上什麼都沒有，
但至少你還有我（這本書）啊！

大家都說要 走出舒適圈…

重點是好不容易才走到舒適圈
誰跟你走出去啊!!!

舒適圈,其實是一種自在的心理狀態。
真正「走出舒適圈」的意義在於擴大自己的舒適圈,
而不是跳出原來的舒適圈。
做自己喜歡的事,讓自己能力經驗不斷增加,
漸漸舒適圈也會愈來愈大的!

記得以前怎麼忙都不會累…
現在沒做什麼事都覺得累。

我想，真正的休息，
應該就是什麼都不要想的放空吧！！

大家都說吃飽才有力氣做事，
但我吃飽只想睡覺而已啊！

吃飽就是要睡
誰跟你工作！

我吃飽就是想睡覺，

不行嗎？

雖然大家都說：
休息是為了走更長的路，
但我休息就是為了不想動，
根本不想走什麼路啊！

我休息就是要休息。
可以躺我就不要坐，
可以坐我就不要站。

每次想要振作準備開始努力，
一到週末就只想要廢不想動。

不是不想振作，

只是假日一到身體突然就變得好重，

懶懶的不想動啊……

心靜自然涼

你來給我試試看：
熱死我囉…

到底是誰說的!!

很熱的時候，你可以跟對方說：

「心靜自然涼，然後就會更熱。」

有時候會有種感覺…
當運氣不好時，
就好像全世界都要跟你作對一樣。

通常運氣不好時，就會變得特別厭世！？

我看我還是多畫一點正能量好了⋯⋯

做不完的
人生就是克滿待辦事項。

看看我們還欠多少代辦事項……（持續更新中）

當你覺得自己好像
什麼事都做不好時，
也別太難過……
至少你還有點判斷所能力。

反正都已經在谷底了，
不會再更慘了吧！

小時候以為長大了
就能把所有問題解決，
後來才知道長大後
才是問題的開始。

小時候都想趕快長大，
因為長大能做很多有趣的事情。
長大出社會後，才發現小孩的單純美好，
那才是一種幸福啊！
祝自己永遠兒童節快樂！
能夠天天保持童心未泯！

你說我不好相處就不要找了，
我只是不想跟你相處而已。

原來如此……一語驚醒夢中人！

人生最忙的一天就是「改天」，
通常改來改去日期就這樣沒了。

改天再約吃飯吧！（10年後吧）

最忙的一天是「改天」，最遠的一次叫做「下次」，
人生總是無止盡的下次或改天再約，
最後就不了了之了……

反正人生就是這樣子，
總有你看他不爽的人
也會有看你不爽的人。

其實我們不需要太多解釋，

因為看你不順眼的，

不管你做再多，一樣還是看你不爽。

工作不累，累的是要應付瘋子

人生就像一場馬拉松，
當初衝最快的人，
不見得就是堅持到最後的人。

重點是我們都要持續不斷往前，

不管路上摔得多慘，

我相信一定都會有意想不到的收穫！

我們無法讓所有人滿意。
有時候就算你做得再好，
看你不爽的還是會把你當坨屎。

重點還是我們都要持續不斷往前，

反正怎樣都是坨屎，

不如就好好做自己，管其他人怎麼想！

有時候明明我們都明白，
但偏偏就是走不出來。

我沒4……

我相信一切都會好起來的，

只是不在今天而已……

有時候
別人眼中的小事，
卻常常讓自己
氣個半死。

長大後，好像更容易為小事情想很多。
大人的世界沒有比較堅強，
很多時候只是比較會偽裝而已。

我錢包裡有洋蔥，
因為每次打開
都讓我淚流滿面。

沒錯！！ 是看到還剩100元感動得哭了……

Part 3

打破慣性，
想法轉個彎

網路上總是看到滿滿的心靈雞湯，或是正能量的金句、語錄、詞彙，彷彿我們不應該有太多的負面情緒。但是人生本來就不可能100分，也因為不完美，所以才有很多的進步空間。

當我們遇到不愉快或是挫折時，可以試著打破框架、換個角度想一想，我們可以謝謝人生中絆倒我們的那些人，因為躺著原來也可以那麼舒服。

在工作上難免都會遇到挫折。這些年，我也遇過不少很奇葩的事，例如客戶假借拿圖回家給家人看，拿走之後就消失找不到人；也有客戶因為不想付尾款，想盡各種理由刁難扣款，甚至在會議上因為不合他意就用言語羞辱人等等……但我其實後來都很感激他們，因為他們讓我了解到：人心有時候真的比鬼還可怕。

不過還好我們絕大多數的客戶都讓人感到溫暖，不管好的壞的，都是幫助我成長的養分，也才會有現在這樣好好的我。

現實生活中不可能總是一帆風順，偶爾可以不用那麼認真，可以說一些沒營養的話，做一些沒營養的事情，因為這些都會成為生活中的快樂來源之一。

人生如戲，不要想太多，

先扮演好目前的角色最重要。

生活還是需要一些演技……

我們都是自己的最佳男女豬腳。

「長大」就是不管這齣戲有多假，
我們還是必須堅持的演完它。

工作不累，累的是要應付瘋子

出社會打滾愈久
就愈喜歡毛小孩
因為狗永遠是狗
人有時候卻不是人。

現在人心難測，只有毛小孩最真心了！

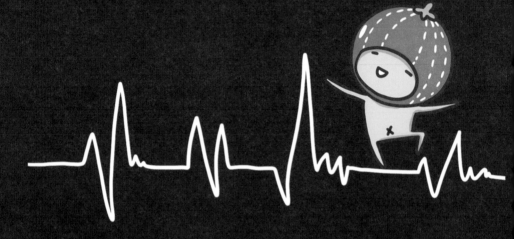

人生就像心電圖
起起伏伏很正常。
如果太平順
代表也完了。

人生不可能一帆風順，
關鍵是我們怎麼去看待風浪，
甚至乘風破浪。
總會突破重圍的！

人生不一定要比別人過得好，
但至少要比以前過得好。

我很好

要讓自己開心一點，
因為人生就是過一天少一天。

別因為那
幾分鐘的不愉快，
而影響了你
一整天的好心情。

不要為了那2分鐘的不開心，

毀了你剩下的23小時又58分鐘的快樂。

他人的酸言酸語
就像他們丟的垃圾，
我們不需要撿起來聞。

反正有人喜歡你，就會有人討厭你。
不管怎樣做，都不會讓大家滿意的，
所以我們做好自己就好了。

不是因為成長了才去承擔，
而是因為承擔了才會成長。

壓力就是進步的原動力。

出社會後都會對未來有想像，希望能有自己的房子、自己的家，

也因為那肩膀上的重擔（房貸或房租）使我們能夠努力不懈的工作。

因為那是我們的責任。

如果現在不努力創造自己想要的生活，
以後可能就會用大把時間
去應付自己不想要的生活。

如果沒能力創造自己想要的生活，
至少要有能力應付現在討厭的生活。

努力不是為了讓討厭的人改變貝，
而是努力讓討厭的人與我無關。

髒東西拜拜

改變是為了要更好，而不是為了討好。

髒東西退散！！

是要把心放事情上，
而不是把事情放心上。

也許我一直都把事情放心上，
所以才會容易想太多而失眠吧。

人生最大的煩惱
就是 想太多了。

人生可以很簡單，最複雜的都是情緒，

有時候就是想太多才會覺得難受。

但這就是人生，想著該怎麼繼續生活……

現實就是有很多想不完的事情吧！

當我們不好意思拒絕別人時，
不妨想想別人怎麼好意思為難你。

別用自己的友善取悅所有人，

因為不是所有事情都應該這樣理所當然。

適時的學會「拒絕」也是一門藝術……

拼命賺錢的模樣雖然狼狽，
但是我們可以靠自己就是帥。

花自己努力賺來的錢，

不管多或少就是踏實。

有時候那些負面評價
就是為了要激怒你啊！
當作沒看到或沒聽到，
也是一種很好的解答。

別為了1%的負評，
否定自己99%的努力。

謝謝那些曾經絆倒我們的人，

躺著其實也蠻舒服的吧。

在哪跌倒就在哪睡一覺，
睡起來再努力就好！

有時候真的會有一種
累到什麼事情都不想做的感覺。
這時候想辦法轉換一下心境，
會好很多。

如果你累了
就好好休息，
而不是放棄。

過去就讓他過去了，

眼前的未來才是最重要的事情。

工作不累，累的是要應付瘋子

就算有100個放棄的藉口，
只要找到一個堅持的理由就夠了。

放棄可以有一萬個理由，
堅持只要一個信念就好了。

別擔心別人怎麼看你，
因為沒人在看你。

原來如此⋯⋯

大多時候都是我們自以為的在意而已。

每天總有煩不完的事情，
但其實只要靜下心來
一件一件處理，總會過去的，
就像屁一樣，
吸光就沒了（誤）。

很多煩人的事就像放屁一樣，
當下很臭但過了就好多了…

送給一直為生活在努力
打拚的自己……

「辛苦了。」
是一句替人著想的溫柔，
記得對別人說之外
也要常常對自己說。

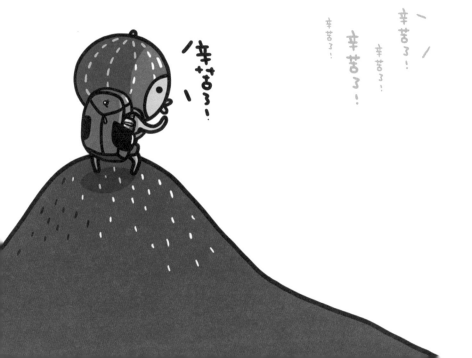

有時候生活就是這樣
並不能如你所願，
我們只是學會裝傻，
然後繼續生活而已。

哩頭嗈？

人生就是，有時不用計較太多，
偶爾裝傻一下，笑笑就過了。
很多事情也許會更順利吧！

有時候許願
不一定是為了實現，
反而是為了
提醒自己前進。

有時候許願是要讓自己有目標，

在人生過程中也可以不斷提醒自己。

記得10年前剛創業的自己，竟然撐了過來。

當初只是抱著賭一把的心情創業，

甚至因為沒有準備好，所以連家人都沒說，

就這樣自己默默低調租了一個小套房，

然後從無止盡的廁所維修開始，

經歷了無數個被打槍的日子，

那時候壓根不敢想10年之後會變怎樣。

謝謝這一路上在我身邊來來去去的人。

勇敢不代表不害怕
而是知道自己害怕，
但卻努力去面對它。

真正的勇敢是，
就算怕得要命，但仍然堅持往前。

知識就像內褲一樣，
雖然看不見
但又少不了它。

除非你說你都不穿（誤）……

小時候覺得學校教的那些東西，

長大又不一定會用到，幹嘛要認真學？

但長大後才發現，很多時候過去學習的知識，

也許無法運用在現在的工作上，

卻也變成未來在生活上的某種養分。

更重要的是一種態度吧！

生活中的困難都是一種學習，

只要勇敢去面對，沒什麼可以難倒我們的。

錯誤是用來學習，
而不是拿來重複的。

□番茄　　□蘋果

□柑橘　　☑草莓

最重要的事情就是不要再重複以往犯過的錯誤了。

找到新的開始！！一起衝吧！（打哈欠）

有時候就算我們是對的，
也不用非要證明別人有錯。

有些事情對或錯本來就很難定義。
站在自己立場也許是對方錯，
但站在對方立場也許是自己錯了。
如果大家都堅持己見，最後可能會兩敗俱傷。
有時候計較得少的會比較快樂吧！

有時候困住自己的不是別人，
而是自己的想法。

工作不累，累的是要應付瘋子

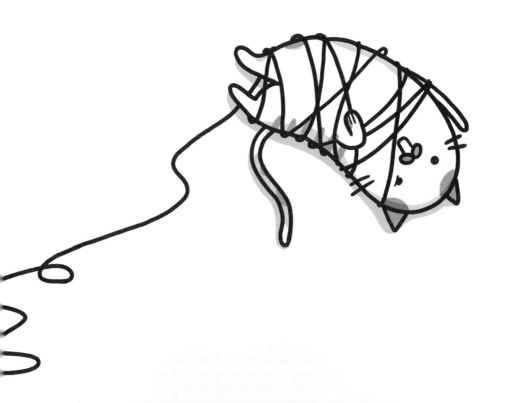

有時候我們做某些事情，
總是會擔心自己做得到嗎？
或者是擔心別人會怎麼想。
最後把自己困在圈圈裡，
都是因為自己想太多啊！

Part 4

幫自己，
架設好人際避雷針

有時候我不是故意要遠離人群，而是因為一個人的時候真的感覺很自在。

我就是喜歡獨處，不用勉強自己和別人來往，就像我本來就很不愛去參與演講或人多的活動，除非是很重要、非去不可的那種，例如我的新書座談會（笑）。

有些人可能會覺得我很孤僻，但其實我只是對社交有自己的原則而已，遇到頻率不對的人，再多的時間相處也不會想多說一句。

不過記得我剛出社會時，常常為了別人的眼光而情緒起伏很大，總是因為別人不喜歡真實的自己，就把自己偽裝成不是本來的樣子，到頭來搞得自己內在疲累，但是別人卻一點都不在乎我做了什麼改變。那都是因為自己太在乎別人怎麼看我了。

我們又不是新臺幣，怎麼可能讓所有人都喜歡呢？人生很短，別把自己搞得太辛苦，可以好好吃飯、好好睡覺、做自己喜歡的事情、和喜歡的家人朋友在一起，那樣就夠了。

不要跟我比懶，
因為我連跟你比都懶。

反正都是廢，

那就廢到底吧！

每個人都有自己的負面情緒，
不管看了多少心靈雞湯，
最終還是得自己默默消化掉。

通常帶給別人很多正能量的人，
其實自己才是承受最多負能量的人。

會選擇沉默
是因為不想說實話，
但也不想說謊話。

不如不要說話……

工作不累，累的是要應付瘋子

這個社會人心險惡，
還是要學會點技能
才能保護自己啊！

我們一定要學會游泳，
因為不小心就會被拖下水。

人與人之間
超過了某個分寸，
就叫做添麻煩。

每個人都有自己的底線，

對你來說的無所謂，

對別人來說就是無法接受！

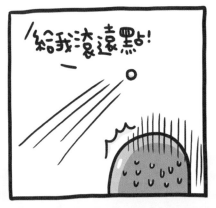

「拒絕」不只是一種藝術，也是戰術。

直截了當，不需要拐彎抹角，反而讓彼此減少更多誤會。

減肥最快的方法
就是管好別人的嘴，
別讓他説你胖。

我的新目標也是要減肥成功！

我想當個笑起來好看，而不是看起來好笑的人。

吃飽沒？ 今天天氣真好？

昨天韓劇追到哪裡了？

你確診過了嗎？

廢話，是人際關係中
最重要的開場白。

懂我的人
幹嘛解釋？
不懂我的人
關我屁事！

屁

除了你自己，
沒有人知道你在承受什麼。
不需要告訴別人自己是怎樣的人。

工作不累，累的是要應付瘋子

每次在外面手機電量只剩下20%，

身邊又沒有帶行動電源，

就會開始覺得很緊張

（明明也沒啥人會打給我）。

我想這就是被手機綁架的通病吧……

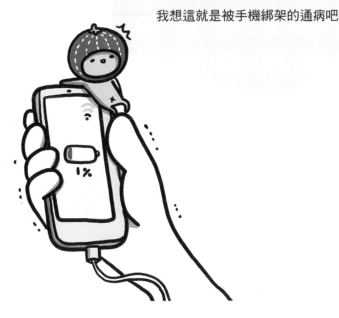

現代人所謂的安全感：
就是手機電量100%，
以及網路收訊滿格。

以前總是努力做1個
「被大家喜歡的人」，

工作不累，累的是要應付瘋子

現在覺得能當個
「每天讓自己快樂的人」
就好。

當蛹冬眠

長愈大，心境也愈不同了。

現在努力讓自己過得快樂比較重要。

現實告訴我們
對於討厭的人
不要想改變他，
遠離他才是上策。

bye bye!
骨董東西!

所以面對討厭的人，最好的方式就是無視！

工作不累，累的是要應付瘋子

只是想在緊湊的
生活中喘口氣，
在無人夜裡享受屬於
自己的時間而已。

有時候我們熬夜
不一定是為了什麼，
可能是白天工作或鳥事
占據生活太多時間，
因為只有在夜深無人的夜
才能喘喘享受屬於自己的時間。

有時候所謂的「說話直」，其實只是
不想花心思考慮對方感受而已。

其實，做自己跟沒禮貌，往往只有一線之隔……

人生最厲害的不是爭一嗑，
而是把這嗑吞下去。

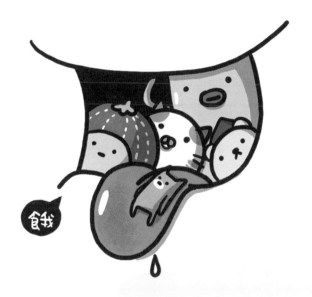

食我

但其實現實是……
忍一時變本加厲，退一步得寸進尺。

小時候說謊話都會很緊張，
殊不知，出社會後講真話更緊張。

這年頭有時候不說點善意的謊言，
好像就是不太會做人這樣……

人與人之間，
最舒服的關係就是不用討好，
也可以很好。

何必討好？
通常討來的都不會太好。

如果我們發動態
還需要顧及別人感受，
那我們不如去發廣告算了。

本來就是想寫什麼就寫什麼，

自己的空間自己開心就好。

工作不累，累的是要應付瘋子

在人生不同階段，
都有不同挑戰要面對。
學習面對並友善的應付
不同來亂的人，
也很重要！

人生中的每個階段，
都在學習如何應付不停出現的瘋子。

想那麼多幹嘛？
反正總有人喜歡你，
也會有人討厭你，
幹嘛那麼累？

我們又不是鈔票，
怎可能讓每個人都喜歡？

出社會後才發現…
見人說鬼話的時間，
反而比見人說人話還多。

現在這社會，會說話的人還是比較吃香。
雖然這樣很累，但講話讓彼此感覺舒服，
也是人際關係重要的一個課題吧！

別擔心，其實
你沒那麼多觀眾
不用過得那麼累。

有時候，
我們都會不小心一直在意別人眼光，
但仔細想想，可能只是自己想太多，
太在意別人想法而已，
結果最後讓自己心很累。

對於無理取鬧的人
能夠用白眼回應，
就盡量不要開口說話。

對於不講理的人，眼神就是一種回應。

反正人生就是你的，
怎麼做總是會有人失望、有人開心，
那不如找讓自己覺得快樂點的事情做吧！

別總是心軟
擔心別人不開心，
因為別人可能一點都
沒想過你開不開心。

人與人之間相處，
需要的不是有啥共同點，
而是能夠彼此尊重不同點。

學習尊重彼此的不同點，

比找尋共同點來得重要且長久。

人生是自己的，不用活在別人嘴裡。

我們管不了別人的嘴，但可以控制自己的心。

可以選擇不聽、不看、不理……

到了適當時機再出手（誤）。

能夠站在對方立場思考很好，

但如果我們為了體諒而委屈自己，那就不ok了。

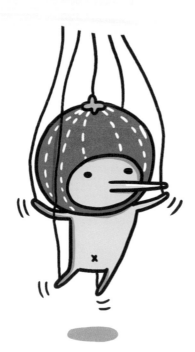

千萬別讓所有的體諒，
到最後都變成在為難自己。

有些事情明明很簡單可以解決，
往往都是我們自己想得太複雜了。

工作不累，累的是要應付瘋子

事情其實很單純,
複雜的都是人啊!

不管做什麼事情或工作，
無論年紀，只要態度好，
都值得我們尊重。

會讓人尊重的
不是因為年紀，
而是他的態度。

工作不累，累的是要應付瘋子

上班讓人覺得累的
不是應付工作，
而是應付人。

其實我們的累，不見得是做了多少事情，而是「心」很累……
面對豬隊友同事要保持「內心暗喊一笑置之」的心累；
面對易怒老闆保持「老闆英明您說得對」的心累；
面對裝懂奧客保持「笑臉迎人我馬上改」的心累。
這些全都是會讓我們累癱的職場日常啊！

但有時候太在乎別人情緒，

也是很辛苦的一件事情。

沒處理好的話，

一不小心就變成好像自己做錯事一樣，

也是莫名其妙……

因為在乎
檔想很多，
如果不在乎
連想都嘛懶得想。

時間這東西，
讓我們把該看清的
都慢慢看輕了。

儘管時間無法證明什麼東西，但可以讓我們看透很多事情。

很多事情也因為時間久了，慢慢被治癒了……

過度善良不是什麼好事，
因為一不小心就
給了別人傷害你的機會。

就像有個人一直對你很好，一開始覺得開心，

久了之後就習慣了，變得理所當然。

有天當我們累了不想做時，

反而就變成別人口中的壞人了⋯⋯

有時也因為太善良，所以很多時候選擇容忍，

最後受傷的還是自己。

所以你的善良，只該給值得的人⋯⋯

比起道歉，
感激更拉近彼此距離。

很多事情，心存感激，
比道歉更能貼近彼此的心。

工作不累，累的是要應付瘋子
110則毛毛蟲職場生存大絕招

作者／毛毛蟲（鄭明輝）

主編／林孜勲
封面設計／謝佳穎
內頁設計排版／陳春惠
行銷企劃／鍾曼靈
出版一部總編輯暨總監／王明雪

發行人／王榮文
出版發行／遠流出版事業股份有限公司
地址／臺北市中山北路一段11號13樓
電話／（02）2571-0297　傳真／（02）2571-0197　郵撥／0189456-1
著作權顧問／蕭雄淋律師
□2023年6月 1 日　初版一刷
□2023年6月20日　初版四刷

定價／新臺幣380元　（缺頁或破損的書，請寄回更換）
ISBN 978-626-361-124-5

ㄨㄥ一遠流博識網 http://www.ylib.com　E-mail: ylib@ylib.com
遠流粉絲團 https://www.facebook.com/ylibfans

國家圖書館出版品預行編目(CIP)資料

工作不累,累的是要應付瘋子:110則毛毛蟲職場生存
大絕招/毛毛蟲 (鄭明輝) 著. -- 初版. -- 臺北市:遠流
出版事業股份有限公司, 2023.06
面; 公分
ISBN 978-626-361-124-5 (平裝)

1.CST: 職場成功法

494.35   112006765